NOTICE BIOGRAPHIQUE

SUR

M. Edouard-Basile Frédéric GOHIN

PRÊTRE, CHANOINE HONORAIRE

CURÉ DOYEN DE MONTEBOURG

ET SON FRÈRE

M. Ferdinand-Eugène GOHIN

PRÊTRE

CURÉ DE MUNEVILLE-SUR-MER

DÉCÉDÉS DANS LA PAIX DU SEIGNEUR

LES 27 OCTOBRE 1874 ET 16 SEPTEMBRE 1876

~~~~~~

Requiescant in Pace !

NOTICE BIOGRAPHIQUE

SAINT-LO, IMPRIMERIE JACQUELINE FILS

NOTICE BIOGRAPHIQUE

SUR

M. Edouard-Basile Frédéric GOHIN

PRÊTRE, CHANOINE HONORAIRE

CURÉ DOYEN DE MONTEBOURG

ET SON FRÈRE

M. Ferdinand-Eugène GOHIN

PRÊTRE

CURÉ DE MUNEVILLE-SUR-MER

DÉCÉDÉS DANS LA PAIX DU SEIGNEUR

LES 27 OCTOBRE 1874 ET 16 SEPTEMBRE 1876

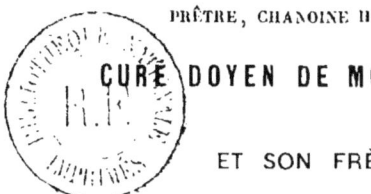

~~~~~~

Requiescant in Pace !

AVANT-PROPOS

—◇◆◇—

Dieu m'avait donné deux frères qui ont laissé en mourant la réputation de prêtres éminents par le talent et la vertu. Morts l'un et l'autre à un âge peu avancé, ils pouvaient rendre longtemps encore de bons et loyaux services à l'Eglise de Coutances. Leur mémoire du moins est honorée, partout où ils ont fait le bien, de sincères et unanimes regrets.

En les ravissant si promptement à notre affection, Dieu me frappait à l'endroit du cœur le plus sensible. Nous étions si unis ! C'était notre gloire et le trait dominant de notre famille. Seul survivant de tous mes chers défunts, n'ayant pour consolation que l'espérance de les revoir, j'ai voulu sauver leur mémoire d'un silence et d'un oubli que j'estimais injustes.

Il m'a été pénible de raviver en moi le souvenir d'une intimité inopinément brisée : je l'ai fait par devoir, voulant payer ma dette fraternelle et laisser à mes enfants un héritage de bons exemples et de saintes vies. N'est-il pas bon qu'ils sachent quel chrétien et quel soldat fut leur grand père ? Ne peut-il pas arriver qu'ils aient à imiter le dévouement de leur oncle Edouard ? Au reste, quand ils n'apprendraient de nous qu'à s'aimer et à se soutenir, inviolablement attachés l'un à l'autre dans la bonne et la mauvaise fortune, ce livret de famille, véritable titre de noblesse chrétienne. leur sera toujours utile.

De tous les faits qu'il contient, les ayant recueillis moi-même, je puis garantir l'entière exactitude. L'auteur, dont je voudrais citer le nom, un ami de mes deux frères, s'est fait, sur ma demande, le rédacteur de ces Notices; j'aime à le remercier de son dévoué concours. Je n'ai pas à faire l'éloge de son travail, mais je le remercie de son amitié qui m'est si précieuse. Tous ceux qui ont connu mes excellents frères reconnaîtront la vérité du tableau qu'il a tracé pour eux et pour nous. En leur offrant un exemplaire de son récit, qui répond si bien à mon attente, je les remercie eux-mêmes de leurs sympathiques regrets et j'ose leur demander, pour ceux qui ne sont plus et que je pleurerai jusqu'à la fin, le souvenir de l'amitié et le secours de leurs prières.

A^{te} GOHIN.

NOTICE BIOGRAPHIQUE

Dans le courant de l'été 1814, un soldat de la Grande-Armée revenait à Dangy, sa paroisse d'adoption, après treize ans de combats et de fatigues. Pierre Gohin, né à Montbertrand (Calvados), le 15 avril 1780, « AVAIT EU L'HONNEUR », comme il l'a écrit lui-même, d'assister à soixante-dix batailles rangées; il était à la prise d'Ulm, à Iéna, Austerlitz, Sarragosse, Moscou, Lutzen, Leipsick, Montmirail; quatre années entières il avait fait la guerre en Espagne, « où l'on osait à peine dormir, où la terre dévorait les hommes ; » en dernier lieu, il prenait part à la glorieuse défense de Paris (mars 1814). Le conscrit de l'an IX rentrait dans ses foyers avec l'épaulette de sous-lieutenant ; une action d'éclat lui avait même valu, sur le champ de bataille, la croix de la Légion-d'Honneur.

Ce vaillant homme était un chrétien pratiquant et convaincu. En partant pour le service, où il prévoyait tant de dangers, moins pourtant qu'il n'en devait courir, il avait fait un vœu à Notre-Dame de la Délivrande. Fidèle à sa promesse, à peine le brave officier eut-il embrassé ses vieux parents, qu'on le vit endosser fièrement son uniforme, y attacher son ruban et faire, pieds nus, sac au dos, un chapelet à la main, le pélerinage d'action de grâces qu'il avait promis sur son honneur de soldat. Après avoir tant de fois exposé sa vie en Allemagne, en Espagne, en Russie et en France, Pierre Gohin s'agenouilla comme un enfant devant l'image de Marie, et la remercia de sa maternelle sollicitude. Car, à l'exception d'un doigt atteint, d'une balle au genou et d'un coup de feu dans les deux jambes, il avait impunément exposé sa vie et affronté les hasards de mille combats.

Avant son départ pour la Délivrande, l'excellent homme, revêtu de son habit militaire et la croix suspendue sur sa poitrine, avait communié dans sa paroisse de Dangy. Jusqu'à la mort il retint cette fière coutume à quatre ou cinq reprises dans l'année, toutes les fois qu'il s'approchait de la Table-Sainte. Et loin de lui être nuisible, une pareille attitude lui attira, dans le modeste rayon où il vivait, la considération la mieux méritée. Une alliance honorable avec une famille très-estimée dans le pays, une femme vertueuse, une nombreuse famille, une aisance à l'abri du besoin ; rien ne manqua désormais à celui qu'on appelait respectueusement « Monsieur Gohin » de ces sortes de bénédictions que Dieu procure comme première récompense de la bonne vie honnête et chrétienne.

Rentré dans la vie privée, il avait avec entrain échangé l'épée pour les travaux champêtres. En quelques années, il reprend son travail, fait des économies, achète un petit champ et s'y bâtit une maison. Sa femme, type de la chrétienne honnête, active, économe, était comme le mari un type de probité et d'honneur.

Le père gagnait, la mère réglait la dépense, les enfants grandissaient à l'abri du besoin. « Et, comme tout était à sa place, ma mère nous a dit bien des fois : Mes enfants, jamais je n'ai entendu votre père jurer le saint nom de Dieu ; jamais une parole déplacée dans sa bouche ; si l'on s'occupait des voisins, ce n'était que pour leur rendre service. » L'ancien soldat aimait un intérieur où tout était en ordre et à sa place. Il lui arrivait fréquemment d'aller à la messe le matin ; le soir, la prière se faisait en commun ; quelquefois on disait le chapelet, à certains jours de fêtes ou d'anniversaires bien connus de grands dangers ou de splendides victoires ; mais très-régulièrement après la prière du dimanche soir, c'était le chef de la famille qui récitait lui-même le chapelet au milieu de ses enfants.

Deux attaques de paralysie lui avaient donné l'éveil : il se tenait sur le qui-vive, comme un soldat que l'ennemi ne doit jamais surprendre. Il n'avait jamais eu peur de la mort, mais il eût regretté d'être frappé une troisième fois avant la première messe de son fils Édouard. Le jour de Noël 1844 fut le plus beau jour de sa vie. Revêtu de son uniforme, la croix d'honneur sur la poitrine comme à ses grands jours, il entendit son Édouard chanter sa première messe et il pleura de joie. Trois mois après, le 24 mars 1845, le saint jour de Pâques, il avait communié avec ses enfants à la messe de paroisse. L'excellent père venait, le soir, de réciter la prière et le chapelet en famille. Il se met, selon son ordinaire, à remonter l'horloge : la mort s'apprêtait à le frapper. Atteint une dernière fois de la paralysie, il tombe et prend le lit pour mourir en vrai chrétien. Sa femme et ses enfants l'avaient relevé et pendant qu'ils lui aidaient à se débarrasser de ses vêtements : « Ce n'est rien, disait-il. » Mais Dieu le voulait à lui. La solennité de Pâques était bien choisie pour la grâce suprême d'une mort prompte, presque subite, mais non imprévue. Les vacances de Pâques avaient permis à son aîné d'accourir au premier bruit de ce malheur. Le malade, tout d'abord foudroyé, était comme insensible. Dieu voulut pourtant lui ménager, comme à un bon serviteur, une consolation suprême. En effet, quand le lendemain il reprit connaissance, six enfants, dont le dernier avait sept ans à peine, entouraient leur père qui se mourait dans la soixante-cinquième année de son âge. Son aîné, Édouard, le futur doyen de Montebourg, attendait avec anxiété les premières lueurs de la raison pour lui parler de son éternité. Tous les enfants pleuraient avec leur mère. Ferdinand, qui mourut curé de Muneville, n'avait pas encore ses quatorze ans accomplis. On dit que dans le cœur des vieux soldats il y a de particulières tendresses. M. Gohin, à la vue de ses chers petits que sa mort allait priver de la pension de retraite si nécessaire à leur éducation, eut un moment d'émotion bien légitime. Mais reportant ses regards sur son aîné qui se trouvait, par une bonté de la Providence, seul en état de le remplacer à l'heure même de son départ, le mourant refoula ses larmes. La scène que me raconta dans l'intimité le curé de Montebourg, lorsque Dieu lui enleva le plus chéri de tous ses frères, était à la fois touchante et pleine de grandeur. « Je m'en vais, dit le mourant, je le sens bien. C'est toi, Édouard, qui dois me remplacer, je t'établis chef de la famille. Mes enfants, vous lui obéirez comme à votre père : donnez-m'en l'assurance et je mourrai tranquille. » Pour toute réponse, chacun des orphelins vint embrasser son frère aîné en versant des larmes.

Le vieux soldat mourut quelques heures après en leur donnant sa dernière bénédiction. « Vous comprenez maintenant, ajouta l'excellent prêtre, pourquoi j'ai tant de chagrin. Mon pauvre Ferdinand n'était pas seulement mon frère; je l'avais élevé, il m'aimait comme un père ; moi je le chérissais comme un enfant ! »

L'abbé Edouard-Basile-Frédéric, dont nous venons de parler, était né à Dangy, le 2 janvier 1821 ; son frère Ferdinand-Eugène, seulement dix ans plus tard, le 3 avril 1831. Placé par son père mourant à un poste de dévouement, constitué à 24 ans chef d'une nombreuse famille, le jeune prêtre était digne de la confiance dont il venait de recevoir si solennellement l'investiture. Son père l'avait toujours beaucoup aimé, depuis surtout que la soutane et les saints ordres rehaussaient aux yeux du soldat chrétien son titre d'aîné et les succès toujours croissants de ses brillantes études scolaires. Entre le presbytère où vivait un homme de Dieu, l'abbé Lemasson, et la famille Gohin aux mœurs patriarcales, entre le vieux soldat de l'Empire et le curé de la paroisse, il y avait une intimité profonde, inaltérable. C'est au presbytère que le jeune Edouard et ses deux frères Ferdinand et Pierre avaient reçu les premières notions de la langue latine : c'est là que leur vieux père, entouré d'une cordiale considération, aimait, comme tous les héros de nos grandes guerres, à raconter au coin du feu les souvenirs de ses faits d'armes.

« Mon père, écrit le dernier survivant de cette chrétienne maison, mon père était l'homme grave, aimable, vraiment bon, naturellement gai ; il aimait en travaillant à fredonner quelque chanson joyeuse, et ses enfants retinrent de lui cette tradition du bon vieux temps. On se souvient encore à Dangy du temps où Ferdinand, le petit Pierre et moi, nous improvisions de bruyants concerts, écho des beaux cantiques du séminaire. Hélas! peu d'années se passèrent ainsi. Le pauvre petit Pierre mourait âgé de 15 ans à peine, après avoir fourni à l'Abbaye-Blanche les preuves de la plus belle intelligence et montré toujours le plus charmant caractère. »

L'abbé Édouard, professeur à Mortain, n'était pas à proximité de cultiver l'intimité du vieillard, ami de son père défunt : l'abbé Ferdinand et surtout le petit Pierre, dont nous mentionnerons ailleurs les succès précoces et la fin prématurée, trouvèrent jusqu'à la mort du vieux curé un dévouement et un appui précieux à leur âge. Le neveu de ce bon prêtre, vicaire de son oncle, et aussi dévoué que lui à la famille, donna volontiers les premières leçons : mais la charge de leur éducation pesa bientôt toute entière sur les modiques ressources de leur aîné, encouragé, il faut bien le dire, par l'éminent supérieur de l'Abbaye-Blanche. Notons que pour se créer des ressources, il s'était volontairement imposé la charge d'aller, chaque dimanche, dire la sainte messe à la chapelle d'un château voisin. Il commence en 1845 et continue jusqu'en 1859, époque de son départ, à gagner la pension de ses deux frères en parcourant à pied seize kilomètres sous la pluie et la neige : son dévouement remplace la pension militaire qui avait cessé. Le bon prêtre s'estimait heureux d'ajouter la modique rétribution si péniblement gagnée aux autres ressources et à son traitement de professeur qu'il consacrait exclusivement à la noble tâche que son père mourant lui avait confiée.

Rien ne fut négligé de ce qui pouvait mettre chaque membre de la famille en état de se suffire. Ceux qui restèrent à Dangy eurent leur part de ses revenus. Une année même, on le vit arriver chez sa mère ; il avait fait exprès le voyage de Mortain.

« Auguste, dit-il à l'avant-dernier de ses frères, veux-tu étudier le latin ? » Surpris de cette apostrophe, raconte l'interlocuteur, je lui répondis : A quoi bon cette demande ? je sais bien que ce n'est pas possible.— Mon cher, le bon Dieu nous aidera. —Bientôt après, Ferdinand entrait en philosophie, Pierre en cinquième et moi à l'école normale. » Voilà comment le diocèse compte un bon maître d'école de plus : cette fonction, chrétiennement exercée, n'est-elle pas un apostolat et presque un sacerdoce ? Quant aux deux autres qui étudiaient à Mortain sous la surveillance de leur frère, comme il ne leur cachait point les sacrifices qu'il s'imposait pour eux, tous deux tenaient à honneur de le récompenser par les plus beaux succès. Pierre, le dernier de la famille, était à 15 ans élève de seconde, et l'un des sujets d'élite de son cours : il était pieux comme un ange, il mourut comme un prédestiné. Lui-même avait demandé les Sacrements, qu'il reçut avec une piété rare et en parfaite connaissance. Puis, sentant sa fin approcher, il demande une image, la donne en souvenir à sa mère en lui disant : « Maman, embrassez-moi, je vais mourir. » Effectivement, quelques instants après, il passait à une vie meilleure. La mort de ce tout jeune frère fut pour son frère aîné un coup affreux : le petit voulait être prêtre et il donnait de si belles espérances !

Ferdinand lui restait pour consolation. C'est ce dernier qui devint plus tard le prêtre si bon, si pieux, si distingué que le diocèse a perdu, il y a deux ans à peine, à Muneville-sur-Mer. Celui-ci, comme son bienfaiteur, a fourni une carrière scolaire aussi brillante que rapidement terminée. En un an, il fait cinquième et quatrième, gagne onze prix en seconde et obtient jusqu'au bout les plus beaux triomphes. Le jeune Ferdinand était aimé de tous ceux qui l'ont connu. Dieu lui avait donné une de ces natures frêles et délicates, qui renferment une belle âme et une belle intelligence. Une certaine timidité, jointe à une modestie parfaite; l'amour des choses sérieuses, une application constante à l'étude, la facilité avec laquelle il saisissait tout, sa mémoire heureuse, sa vie toute parfumée d'innocence : tout faisait présager que Dieu avait des vues sur cet enfant privilégié.

Le bon curé de Dangy, le vieil ami de son père, qui leur portait à tous un intérêt si paternel, concentrait sur Ferdinand toute l'affection qu'il avait eue pour le petit Pierre. Par une suite de circonstances qui seront racontées plus loin, il s'est trouvé que la dépouille mortelle du jeune Ferdinand repose auprès de celle du bon vieillard : « Je t'avoue, écrivait à cette occasion le neveu de l'ancien curé de Dangy au curé de Montebourg, je t'avoue que ç'a été pour moi une consolation quand j'ai vu sa tombe si près de celle de mon oncle ; mais si près que mon oncle lui a cédé un morceau de sa soutane pour lui faire place : car il l'avait toujours aimé. Quelle aura donc été leur joie de se revoir ! » Le bon vieillard ajoute aussitôt, recueillant ses souvenirs : « Mon oncle vous aimait bien tous, mais il avait encore une petite préférence pour son Ferdinand. Et toi aussi, n'avais-tu pas un amour de prédilection pour cette belle espérance ? Pour moi, j'ai sur sa tombe récité un REQUIESCAT et j'ai ajouté : « A bientôt, cher enfant ! »

Les condisciples du jeune Ferdinand ont souvenir de l'amabilité de son caractère, de sa charité, de ses succès classiques. Nous avons vu comment, reconnaissant du dévouement de son frère, il n'épargnait rien pour lui payer sa dette à l'aide d'un travail soutenu : nous avons ajouté qu'à la fin de chaque année son nom fut toujours un des plus glorieusement applaudis. Or, voici le témoignage sincère que lui rendit un de ses émules quand le diocèse le perdit tout jeune encore :

« En recomposant dans mon esprit les traits de cette figure si sympathique, de ce caractère si doux et si bon, je me surprends goûtant longuement la joie d'avoir eu et d'avoir encore au ciel pour ami un homme dont la vie entière présente le type parfait de ce qu'on peut demander à l'amitié qui nous avait unis. J'ai le regret de n'avoir point assez joui de cette âme d'élite.

» Les cœurs, follement divisés à l'Abbaye-Blanche pendant quelques heures d'oubli, voulurent se donner l'appoint de sa personne : Ferdinand Gohin resta inébranlablement l'ami de tous en se faisant, avec une bonhommie joviale que je n'oublierai jamais, le trait d'union entre cette jeunesse égarée. Il fit seul alors, pour la cause du bon ordre, ce que n'eussent pu faire tous nos maîtres réunis.

» Dans les luttes studieuses que fait naître habituellement l'émulation, il semblait vouloir se faire pardonner ses succès en faisant ressortir ceux des autres et en les félicitant, à tel point qu'on aurait pu croire qu'il était insoucieux de son propre succès. L'idée de rivalité lui répugnait souverainement. Sa modestie naturelle le portait à s'effacer devant tous, alors qu'il était supérieur à tous : lui seul ignorait ce qu'il valait. Une telle âme était bien née pour le sanctuaire : en y entrant il suivit l'élan qui l'y attirait. »

Vers cette époque (il avait, dit-on, dix-sept ans), un accident terrible compromit sa santé déjà si délicate. Il avait avalé par mégarde une aiguille qui, dans son passage, lui fit à l'estomac une lésion dont il souffrit toujours : il y portait sans cesse la main et cette blessure lui causait de vives douleurs. Bien que ce mal lui rendît le travail très pénible, nous verrons bientôt les études qu'il s'imposa dans sa trop courte carrière pour le salut des âmes.

Le grand séminaire développa en lui une piété douce qui avait fait, avec la modestie et la charité, le caractère de son enfance et de sa jeunesse. Les plantes délicates que Dieu fait naître dans les familles chrétiennes et qu'il préserve providentiellement de tout contact mauvais, une fois transplantées dans le champ du Père céleste, y acquièrent en peu de temps une vigueur et un éclat incomparables. L'abbé Gohin puisa au grand séminaire, outre l'ardente piété et le zèle, le goût des études sérieuses; il en sortit bien disposé à tout ce que Dieu voudrait lui confier, eu égard à son tempérament débile, pour sa gloire et le salut du prochain.

Son zèle s'exerça d'abord au petit séminaire de Mortain où il avait reçu lui-même sa première éducation sacerdotale. Il y retrouvait son frère aîné, celui qui lui avait tenu lieu de père, le chef autorisé de son excellente famille. Dix-huit ans professeur à Mortain, l'abbé Édouard y a laissé le meilleur souvenir. Ce long professorat, depuis les classes élémentaires jusqu'à la philosophie, qu'il enseigna les six dernières années (1853-1859), avait fait de ce bon prêtre un homme instruit et un littérateur du meilleur goût. Rien ne lui était étranger dans les sciences ecclésiastiques. A titre de délassement du saint ministère, il relisait les auteurs anciens, il étudiait les chefs-d'œuvres de notre époque contemporaine. Sa compétence en cette partie est reconnue de tous ceux qui l'ont eu pour maître ou qui ont vécu dans son intimité. Il fut à l'Abbaye-Blanche l'un de ces hommes dévoués qui laissent une trace de leur passage par les bonnes traditions de l'éducation sacerdotale, et auxquels plus tard chaque élève, devenu homme, se fait un devoir de rendre justice.

Appelé à rendre dans cet établissement prospère les mêmes services que son aîné, l'abbé Ferdinand y prit, comme il convenait à son âge, un rôle modeste en rapport avec ses goûts. On lui confia, vu ses aptitudes pour les sciences, le cours de mathématiques qui lui donnait accès dans plusieurs classes, à la satisfaction des élèves, fort bons juges du dévouement et du mérite. Le bien que l'on fait simplement dans la sphère d'action d'une classe bien conduite, habilement dirigée, n'a-t-il point son mérite aux yeux de Dieu? Pendant quatre ans, telle fut la constante préoccupation du jeune professeur : son frère lui avait servi de modèle et de guide.

Tous les deux quittèrent ensemble la carrière de l'enseignement pour entrer dans le saint ministère : l'aîné fut nommé à la cure de Montpinchon, le jeune devint vicaire de Torigni. Autant la paroisse de Montpinchon allait donner, pendant douze ans, de consolations à son frère, autant l'abbé Ferdinand devait rencontrer à Torigni une situation épineuse et hérissée d'obstacles. Ce n'est pas que la population de cette dernière paroisse fût au fond plus difficile à diriger que celle dont l'abbé Édouard se trouvait heureux d'être chargé ; mais pour bien comprendre la vérité que j'énonce et apprécier la différence des situations, il ne faut que rappeler ses souvenirs et se transporter à l'époque dont nous parlons. En 1859, la guerre d'Italie est le point de départ d'une politique qui devait aboutir à des désastres. Le développement de cette thèse n'appartient pas à notre sujet : contentons-nous de dire que le parti catholique eut dès-lors de ces craintes patriotiques qui ont trouvé dix ans après la plus douloureuse justification. La tactique des journaux irréligieux fut plus savante contre le Saint-Siége et mieux conduite qu'elle ne l'ait jamais été à aucune époque de notre histoire : rien de semblable ne s'était vu depuis Charlemagne jusqu'à la Révolution française : on eût dit que les Byzantins de Constantinople avaient émigré aux bords de la Seine, tant les attaques perfides se multipliaient chez une nation, jusque-là dévouée à la plus sainte des causes et à la défense des meilleurs droits.

Ce n'est point calomnier le Siècle que de le nommer par son nom : ce n'est point l'insulter que de dire combien à cette époque il était répandu, et c'est un fait notoire qu'en ce même temps la contrée de Torigni-sur-Vire en était inondée. L'erreur (c'est le mot le plus doux que je puisse trouver), l'erreur n'a qu'un temps, je le confesse ; mais il est cruel pour un homme de cœur de voir journellement les vérités religieuses obscurcies dans la masse du peuple ; il est dur d'envisager un avenir sombre quand on est dévoué à son pays. Et ce qu'il y avait alors de plus pénible, il faut l'avouer, c'est que la prudence et la sagesse empêchaient la vérité de paraître et la bouche de s'ouvrir : on était condamné à souffrir en silence et à laisser passer l'erreur. Toutes les trompettes de la renommée retentissaient chaque jour de ces évidentes vérités d'alors, « qu'à tout prix et pour l'honneur de la religion, il était juste que le Pape fût amoindri, son patrimoine confisqué, Rome asservie à la Révolution et les prétendues aspirations des peuples réalisées. » On ne veut pas aujourd'hui en convenir, je le sais, tout cas mauvais étant niable de sa nature ; mais il ne faut qu'un peu de bonne foi pour se convaincre que les malheurs de la guerre et les blessures de la grande nation catholique ont eu ces impiétés pour principe et qu'on se fit alors populaire en cessant d'être français.

Ce que l'abbé Gohin eut à souffrir de ces tendances est plus facile à comprendre qu'il ne serait aisé d'en donner tout le détail. Pendant que sa bouche était close, ses convictions à l'endroit de la sainte Église, plus approfondies, devinrent plus ardentes : il aima le Chef auguste de la catholicité à mesure qu'il le vit calomnié plus injustement. En même temps, quoique chétif, il se perfectionnait dans l'étude et acquérait de belles connaissances littéraires et théologiques qui en ont fait un savant et un écrivain distingué.

Mais il ne cessait point surtout d'être bon et pieux. Au petit-séminaire de Mortain, sa tenue grave et enjouée, son amour du travail, son talent solide et brillant, sa parole facile et pleine de candeur l'avaient rendu cher à ses confrères. Au milieu des embarras du saint ministère, il fit ses délices de saint Thomas, comme l'atteste une somme théologique lue et relue, en même temps que couverte du résultat de ses propres pensées.

Son âme énergique forçait la nature maladive à un travail opiniâtre qu'elle jugeait nécessaire pour produire un bien durable dans la paroisse où Dieu l'avait placé. Les livres de sa bibliothèque lui étaient d'un fréquent usage : il les lisait la plume à la main, en faisait l'analyse et s'en servait pour la rédaction de beaux sermons qui tous ont une valeur sérieuse.

A Torigni, en face de ce déchaînement d'erreurs qu'il eût été imprudent d'attaquer de front, il se contentait d'exposer clairement la vérité sans se jeter dans la lutte ouverte. Il était éloquent en chaire, sans de grands mouvements oratoires. Sa parole était douce, son exposé lucide, sa démonstration abondante et persuasive. Qu'on revoie les nombreux articles signés de son nom F. G. dans la Revue Catholique, il y a dix ans, tout particulièrement son appel en faveur des âmes du Purgatoire et on se convaincra facilement que l'imagination la plus puissante mettait chez lui ses vives et fraîches couleurs au service de son intelligence souple, profonde, pleine d'aperçus nouveaux, toujours guidée et vivifiée par la foi.

Quoique d'une régularité toute classique, sa phrase avait des allures libres et dégagées. Fénelon et saint François de Sales, si bien appropriés à son tempérament, étaient ses modèles en littérature et ses guides dans la direction des consciences ; nous n'avons pas besoin de faire appel au souvenir des âmes qu'il a dirigées ; l'éloge est dans tous les cœurs et sur toutes les lèvres.

En face d'un mal immense qu'il dut subir plutôt que réparer, l'heure de la guérison n'étant pas venue, il avait compris que la bonne lecture doit être le moyen de rassasier cette faim de nouveautés qui tourmente la génération contemporaine, et il se promit bien, sitôt qu'il le pourrait, de travailler à la fondation d'une bibliothèque morale, religieuse et populaire qui servît de contre-poison. Ce projet se réalisa quand il fut appelé par Mgr Bravard à Saint-Pierre de Coutances.

Sa nomination à Coutances fait le plus bel éloge de son talent. Prêchant la Toussaint à la cathédrale, la première année de l'épiscopat de Monseigneur, il parla de « ses chères âmes du Purgatoire » avec une piété et une onction si pénétrantes, il eut des appels si pressants au cœur des fidèles ; il développa avec tant de force à la fin de son discours le passage du Credo où il est dit : J'attends la résurrection des morts — que l'auditoire se retira visiblement ému : on en parla plusieurs jours au grand-séminaire comme d'un sermon hors ligne, et quelque temps après sa nomination de vicaire à la première cure du diocèse fit bien voir que Monseigneur l'avait parfaitement jugé. Cinq ans professeur à Mortain (53-58), quatre ans vicaire à Saint-Laurent de Torigni, il devait rester près de sept ans vicaire à Saint-Pierre de Coutances (1er octobre 1863—15 mai 1870).

La ville de Coutances apprécia son talent, son zèle et ses belles qualités. Dans toute la maturité de l'âge, bien qu'éprouvé déjà par de fréquentes fatigues, il déploya toute l'ardeur de son âme, et fit un bien considérable, sans se mettre en avant et en gardant modestement une sage mesure. La classe pauvre l'attirait et il eût voulu la moraliser : combattre les mauvaises lectures qui conduisent aux mauvais mœurs fut son attrait dominant. La direction des âmes absorbait une partie notable de ses journées : il se fit vers lui cette attraction que l'on remarque, toutes les fois qu'il paraît dans une population nombreuse un directeur à la fois pieux et instruit. Bien qu'il n'eût pour le travail que de rares instants coupés par de regrettables interruptions, c'est à Saint-Pierre de Coutances qu'il composa ses meilleurs discours. On ne s'expliquerait guère leur qualité et leur nombre sans la puissante faculté d'assimilation que Dieu lui avait donnée.

Quand la REVUE CATHOLIQUE fut fondée, ou du moins quand elle remplaça la SEMAINE RELIGIEUSE, il comprit tout le bien qu'elle pouvait faire et l'action qu'elle devait dès lors exercer, étant sérieusement rédigée, dans le diocèse tout entier. Il s'y associa volontiers et depuis publia régulièrement des articles qui révélèrent en lui le penseur et l'écrivain. Toujours la science était à la hauteur du sujet et l'agrément littéraire venait en aide à la piété du publiciste. Chaque sujet est marqué au coin de son talent : liturgie, fleurs à Marie, articles historiques, notices biographiques se reconnaissent aisément à la saveur de la pensée, énergiquement rendue et toujours accompagnée de vives couleurs. Plusieurs pages mériteraient d'être sauvées de l'oubli : ainsi, par exemple, on n'a jamais mieux que lui parlé des morts, du souvenir que la religion leur conserve ; de l'indifférence que produit à leur endroit les négations de l'impiété.

Autant que sa santé le lui pouvait permettre, il s'employait au ministère de la prédication. Quelques-unes de ses instructions, celles surtout sur les saints Anges, qu'un ami du petit-séminaire publie en ce moment dans un cours de prédication contemporaine, font le plus grand honneur à son talent. Tout ne sera point publié, tout cependant serait digne de l'être. Il y a peu de sujets qu'il n'ait étudiés, approfondis et traités avec une rare compétence. Cette collection variée, d'une rédaction nette et soignée, forme le plus précieux héritage, une relique de l'âme, que son frère de Montebourg avait recueillie comme une consolation suprême. « Elle restera longtemps dans notre famille, me disait son frère Auguste, car elle s'honore de l'avoir compté au nombre des siens. » Relire de tels travaux, c'est en effet revivre avec ceux qui les ont produits et que l'on a perdus.

Pendant que l'abbé Ferdinand travaillait avec succès dans la portion choisie du troupeau qu'on lui avait confiée, son frère de Montpinchon révélait ses éminentes qualités d'organisateur. Les douze années qu'il passa dans la paroisse sont incontestablement les meilleures et les plus heureuses de sa trop courte carrière. Aimé, adoré d'une population qui lui a voué un culte dans ses souvenirs, l'abbé Édouard développa toutes les ressources que l'on pouvait rencontrer dans une paroisse si religieuse. Une mission bénie du ciel avait préparé le champ de terre qu'il cultiva avec un soin jaloux ; veillant à tout, instruisant sans relâche sa nouvelle famille, ramenant les uns à la pratique de leurs devoirs, cultivant chez les autres les germes d'une piété solide, surtout attentif aux besoins des pauvres qui lui sont redevables d'une œuvre d'assistance à domicile ; en un mot, il fut là, comme partout, l'homme de Dieu qui passe en faisant le bien.

Le talent littéraire du professeur, mis au service de son zèle comme curé de Montpinchon, donnait à sa parole une distinction et une délicatesse remarquables. On ne rassasiait pas de l'entendre alors que dans la vigueur de l'âge il se dépensait tout entier pour son troupeau. Le petit discours qu'il prononça devant deux évêques, dans une cérémonie dont il sera bientôt parlé, est un vrai chef-d'œuvre de diction et d'élégance. Celui qu'il adressa au clergé du canton et aux fidèles de Montebourg quand il fut nommé chanoine honoraire, écrit d'un seul jet sur des pages volantes et sans ratures, mérite d'être conservé comme un modèle d'à-propos et de bon goût. L'instruction qu'il fit à la cathédrale pour une fête de la propagation de la foi, lui valut les éloges les plus flatteurs. Ajoutons enfin que, dans une publication récente, un de ses sermons sur LE RÔLE DE L'ÉGLISE DANS LES LUTTES CONTEMPORAINES, montre avec quelle aisance il savait aborder les questions les plus épineuses et prêcher la saine doctrine, sans ôter à la parole de Dieu le cachet de gravité qu'elle doit conserver toujours.

Dix ans s'étaient écoulés, dix ans de travail, d'apostolat et de bonnes œuvres. Le 6 octobre 1869, Monseigneur de Coutances, accompagné de Monseigneur Delaplace, évêque de Pékin, bénissait à Montpinchon quatre cloches, dues à la généreuse initiative du bon prêtre qui, accoutumé aux sacrifices, avait souscrit pour une somme de 500 francs, le dixième de la dépense totale. Le discours qu'il adressa en cette circonstance justifia une fois de plus sa réputation d'écrivain délicat et distingué. Une seule chose fut omise dans l'énumération des bonnes œuvres qui faisaient de Montpinchon une paroisse modèle : M. Gohin ne dit pas que tout ce bien était le fruit de son zèle. Au reste, sa modestie ne trouvait point grâce en ce beau jour auprès des habitants, disposés à le trahir hautement auprès de Sa Grandeur, qui songea dès lors à leur enlever celui dont ils faisaient imprudemment l'éloge.

Le 15 mai 1870, le jeune des deux frères devenait curé de Muneville-sur-Mer. Là il dut subir avec la France entière le poids de la colère divine dont il avait, depuis dix ans, prévu et redouté les coups terribles. La guerre avec ses étonnements inouïs, ses défaites, ses ravages; le bouleversement de toutes choses, le renversement d'une dynastie que huit millions de racines populaires semblaient devoir sauver des coups de la tempête; le départ d'une jeunesse inexpérimentée, imprudemment déshabituée du maniement des armes; les fautes et les revers; puis les désastres, suite des ambitions jalouses ou des complicités, pour ne pas dire le mot de trahison dont on abusait alors: tout cela, providentiellement déchaîné comme la foudre sur un pays dont la principale faute avait été de ne point vouloir se repentir, fit sur l'âme délicate du curé de Muneville une impression profonde et douloureuse. Aux angoisses de l'âme, le clergé du diocèse eut à joindre les fatigues et les dangers du corps. La vérole faisait des ravages partout: pour suffire aux besoins des populations, nos prêtres eurent le secret de se multiplier. Partout aussi l'accumulation des levées en masse, soldats à peine équipés qui vivaient hors de leur pays et ne s'exerçaient même pas au métier des armes, redoublait la fatigue des curés et des vicaires, surtout dans une paroisse étendue comme celle de Muneville où l'on était sans cesse sur pied, au cœur même de l'hiver. Telle fut la première année du nouveau curé dans sa paroisse. Il ne lui en restait que quatre autres à passer sur terre avant de recevoir sa récompense.

A peine le calme se fut-il rétabli (à quel prix nous le savons), qu'il préleva sur ses modestes économies les frais d'une mission donnée à la population qu'on lui avait confiée. Il suivit en cela le conseil et l'exemple de son frère qui, comme tous les prêtres zélés, avait fait déposer la bonne semence dès son arrivée à Montpinchon dans le champ du Père de famille et le cultivait avec plein succès à la sueur de son front. L'année de nos désastres fut, pour celui-ci comme pour le curé de Muneville, un temps de dévouement et d'abnégation qui le rendit plus cher encore à son troupeau. Le vieux soldat de l'Empire revivait dans ses deux fils, lorsqu'ils affrontaient l'épidémie avec une modeste intrépidité. Le vicaire de Montpinchon, le bon abbé Fouques, atteint du terrible fléau, y succomba. Son curé lui servit de père, le soigna jusqu'à la fin et le pleura sincèrement. Le bon prêtre, au milieu de tant de malheurs, avait du moins une consolation bien précieuse, je veux parler de la piété qui régnait dans une paroisse modèle des autres et citée à l'envi.

A Muneville, son frère, moins heureux peut-être, attendait patiemment l'heure de la grâce. On commençait à le connaître, on ne pouvait en le connaissant se défendre de l'aimer. Après s'être généreusement imposé l'obligation de donner une mission à sa paroisse, il travaillait sans relâche à la restauration de son église. C'était encore avec ses propres ressources et celle des âmes sympathiques au bien qu'il transformait son cimetière et faisait de son église, toute polychromée dans le chœur et sous la tour, la plus gracieuse et la plus riche en statues de tous les environs. On ne s'arrête plus à Muneville sans aller voir ce magnifique chemin de croix dont il a lui-même dessiné les cadres, les statues du Sacré-Cœur, de N.-D. de Lourdes, de Saint-Joseph, et surtout un chef-d'œuvre du moyen-âge, exhumé et restauré par ses soins, cette Vierge au voile splendide surnommée N.-D. de Muneville.

Malheureusement, la santé du bon pasteur était loin de répondre aux vœux de ceux qui le connaissaient et l'aimaient sincèrement. Depuis le grand-séminaire, la pâleur de son teint et sa toux continuelle inspiraient à son vénéré frère la crainte que l'enfant de son cœur ne le précédât au tombeau. Ces craintes ne devaient pas être imaginaires : les émotions ressenties par suite des incendies qui furent si nombreux à Muneville, un an avant sa mort, les soucis occasionnés à son zèle par l'embellissement de son église, un vol sacrilège dont elle fut le théâtre et, avouons-le encore, le rôle odieux, joué clandestinement par une femme dont les agissements furent plus tard jugés et flétris par l'autorité : ces diverses causes ont hâté la fin d'une existence toujours en lutte, d'ailleurs, contre l'inguérisable maladie qui devait finir par triompher.

Depuis plusieurs mois, l'espérance de conserver le pieux et zélé curé de Muneville s'évanouissait de jour en jour. Ni les ardentes prières qui montaient de tant de cœurs affligés vers le ciel à Muneville, à Coutances, à Montebourg, ailleurs encore ; ni les soins si dévoués que lui prodiguaient à l'envi et ses frères, et son vicaire et les personnes qui l'approchaient, rien ne put arrêter les progrès du mal.

A l'heure où son frère de Dangy tombait foudroyé par la mort (12 octobre 1874), on ne pouvait se dissimuler que l'excellent curé de Montebourg, le père de cette famille nombreuse, le nourricier de ces orphelins, ainsi que son frère l'instituteur, étaient placés entre le cercueil d'un mort et le lit d'un mourant. Et le curé de Montebourg ne disait-il pas lui-même, vers ce même temps, qu'il ne survivrait point à tant de deuils! Ce pressentiment devait trop tôt, hélas! se réaliser. Quel poids de douleur en effet pour celui qui avait tout donné et s'était donné lui-même pour ses frères! Quatre de ceux qui avaient grandi sous sa conduite le précédaient dans le tombeau ! Il lui resta du moins un appui. L'instituteur d'Airel partageait toutes ses angoisses. Obligé de quitter Muneville où se mourait son frère Ferdinand, pour accompagner à Dangy la dépouille d'un autre frère défunt, il pleura à chaudes larmes : « oh ! disait-il en laissant le curé agonisant, il n'aura pas une mère pour le soigner ! » Cette pensée lui pesait trop au cœur pour qu'il lui fût possible de l'accepter. Il se fait autoriser à quitter sa classe, et se met aussitôt à remplir ce pieux et fraternel devoir. On le vit en un même jour visiter le pauvre malade de Muneville, fermer à Dangy les yeux d'un autre frère expirant, puis, tout brisé d'émotions et de fatigues, apporter cette série de tristes nouvelles à l'aîné de la famille que la maladie enchaînait alors dans son presbytère de Montebourg. La nuit se passa dans un tête-à-tête tout mouillé de larmes. Les deux frères se parlaient peu, leurs yeux ne tarissaient point : ils n'eurent de soulagement que dans une commune prière. Le lendemain, après avoir accompagné son cher Frédéric à sa dernière demeure, le plus jeune des deux survivants volait à son Ferdinand « qui eut une mère dans sa dernière maladie. »

Je voudrais, mais je ne le puis, décrire ce douloureux et si doux voyage d'un prêtre qui se prépare à monter au ciel. Depuis qu'il s'était vu forcé de quitter le Saint Autel, le bon pasteur se faisait apporter plusieurs fois la semaine le pain sacré des âmes ferventes. Le divin Consolateur, en l'attachant à son calvaire, achevait de préparer son digne ministre aux joies de l'éternité. Peu à peu il le détachait des choses qui passent en lui dévoilant intérieurement les biens impérissables de l'autre vie. Dans les ardeurs de la fièvre qui le consumait, on voyait, non sans en être touché jusqu'aux larmes, l'excellent prêtre, son crucifix à la main, suivre avec une attention soutenue les prières du Chemin de Croix.

« Qu'on me parle du bon Dieu, disait-il à son frère : quand tu m'en parles, c'est comme une douce rosée qui tombe sur mon âme et la rafraîchit. »

De Muneville à Montebourg l'échange des adieux se faisait chaque jour. « Tu prieras pour moi et mes paroissiens au ciel, écrivait le curé de Montebourg ; puis il ajoutait : « Je ne monterai jamais au saint autel sans y porter ton souvenir. » Le curé de Muneville répondait : « Ménagez votre santé, je vous le demande pour mon Auguste, pour la famille, pour ceux que vous aimez tant ! » Hélas ! que n'a-t-il été entendu ! Mais le curé de Montebourg était trop esclave du devoir, à l'exemple de son père, pour se ménager ainsi. A peine la goutte l'avait-elle quitté, qu'il reprenait vaillamment son poste de combat : deux ans après il devait y mourir !

Ce mutuel échange de lettres était à la fois une consolation et une douleur. Car si le mourant eût pu revoir son frère, celui qui l'avait élevé au sacerdoce par son dévouement, c'eût été le plus doux encouragement à bien souffrir. Et si le malade que la goutte empêchait de faire un mouvement se fût trouvé transporté au presbytère de Muneville, il y eût rempli jusqu'au bout la tâche qu'il avait si noblement acceptée dans les premiers mois de son sacerdoce. Mais Dieu fait souvent aux âmes d'élite de ces situations exceptionnelles toutes pleines d'une apparente rigueur. On dirait qu'il mesure à leur vaillance l'amertume du calice de sa passion. Mourir sans se revoir, n'était-ce point doublement mourir ?

« Qu'on ne me parle point de guérison, disait une autre fois le pieux malade ; je ne demande plus

qu'une chose : aller au ciel pour fêter la Toussaint. »
Le matin de sa mort, il s'écriait tout joyeux : « Que
d'âmes vont être heureuses de me revoir ! Mon
père, ma mère, ma sœur, mon Pierre ! » Celui-ci
était le jeune frère, de grande espérance, mort
depuis vingt ans, élève de seconde à l'Abbaye-
Blanche. Quant au nom de son frère Frédéric, à
peine descendu au tombeau, il ne l'ajouta pas ; on
lui avait caché sa mort récente.

A neuf heures du soir, il n'était plus de ce
monde. Celui qui lui avait servi de mère à son dernier passage ne voulut pas souffrir qu'on lui enlevât
le dernier gage de l'amitié fraternelle : il l'ensevelit
de ses propres mains. Ce devoir accompli, il pleura
l'excellent frère qu'il avait perdu.

On était au 27 octobre, le curé de Muneville s'en-
dormait dans le Seigneur. Ainsi put-il, comme il
l'avait désiré, célébrer la fête de la Toussaint en un
séjour meilleur que celui qu'il venait de quitter. Né
le 3 avril 1831, il était âgé de 43 ans 6 mois et 24
jours. Ordonné prêtre le 2 juin 1855, il avait à pré-
senter à Dieu 19 ans d'un ministère plein de foi, de
zèle et de bonnes œuvres.

Peu de prêtres ont possédé un aussi bel ensemble
de talents et de vertu. Son frère, qui le connaissait
mieux que tout autre, a dit de lui : « Pour atteindre
aux premières places, il ne lui manqua que la
santé ! » Tous ceux qui ont pénétré assez avant
dans son intimité ratifieront ce jugement vrai. Ses
anciens maîtres, ses condisciples sont unanimes
dans le bon témoignage qu'ils se font une joie de
lui rendre. On peut dire que son éloge est dans tous
les cœurs, dans toutes les bouches.

A la gloire d'une telle vie rien ne devait manquer,
pas même l'auréole de la persécution, ni l'ingratitude pour prix de ses bienfaits méconnus. Ah ! si le
silence ne devait pas se faire par respect pour cette

dépouille doublement sacrée, nous aurions à révéler de tristes choses ! Excusons et oublions tout. Evidemment ils ne l'avaient pas connu, ceux qui cherchèrent à troubler ou à remplir d'amertume les derniers jours d'une vie qui se consumait à les aimer jusqu'à leur faire du bien malgré eux. Il faut convenir aussi qu'ils avaient mal choisi leur victime, en s'attaquant à un prêtre dont toute la vie n'a été qu'un long sacrifice de volonté personnelle et d'abnégation, de douce condescendance aux idées des autres, au point qu'on aurait pu croire que l'énergie faisait défaut à ce fils d'un vieux soldat de l'Empire.

Les âmes douces sont les plus fortes. Dieu permit toutes ces tristesses afin de faire ressortir la fermeté dans le devoir et de montrer qu'il ne manquait rien à cette nature si affectueuse. De misérables passions auront empêché de voir tel qu'il était ce noble caractère : autrement, les persécuteurs ne pourraient se consoler de l'avoir abreuvé d'amertume ; ils auraient trop à déplorer leurs rancunes d'outre-tombe. Jetons un voile sur toutes ces turpitudes indignes de prendre place dans notre récit.

La main qui venait d'ensevelir le frère défunt écrivait le soir même à Montebourg : « Mon bien-aimé Ferdinand tient le crucifix de ma mère un peu élevé et, par son sourire d'ange, il semble dire : Je vais le reporter à ma mère pour qu'elle l'embrasse : « car il m'a fortifié dans mes épreuves, dans mes peines et à ma mort. »

Je voudrais m'arrêter et finir par ces paroles. Je voudrais laisser au dernier survivant de cette famille si cruellement éprouvée, pour conclusion une parole d'espérance que lui envoie son défunt bien-aimé et m'arrêter. A peine serait-il besoin de dire qu'à l'inhumation faite par M. Caillemer, vicaire-général du diocèse, on ne comptait pas moins de trente ecclésiastiques et que toute l'assistance se montrait émue et attendrie.

Mais impossible de reléguer dans le silence un scandale qui retentit douloureusement dans la contrée et souleva partout l'indignation. Conformément à l'usage qui veut que les prêtres soient inhumés à l'ombre de la croix dans nos cimetières, M. le curé de Muneville avait exprimé le vœu de n'être point reporté dans sa famille selon la chair. Et il avait raison. La famille d'un curé n'est-elle point sa paroisse? N'est-il pas juste qu'il repose au lieu même du combat? Qu'il se réveille avec les siens et les conduise au tribunal du juge? Le curé de Muneville avait écrit à ce sujet et publié dans la Semaine Religieuse les plus touchantes pages. Le culte des morts chez lui était une religion. Partout où il avait exercé le saint ministère, on l'avait vu faire appel au souvenir des vivants pour soulager les morts : A Muneville, sa première sollicitude s'exerçait à orner le cimetière où il comptait se reposer de ses fatigues. Que de fois, se voyant mourir, il avait marqué dans sa pensée le lieu où son corps, déposé comme une semence d'immortalité, germerait la vie!

Le bonheur de reposer au milieu de sa famille, au pied de la croix, lui fut refusé : Et sui eum non receperunt! Les faits me sont connus, je les tais, par charité plutôt que par prudence : Leur publicité ne troublera point le repos de ce bon prêtre qui en fut l'innocente victime. Mais il faut soulager la conscience publique et dire hautement à nos populations chrétiennes : Cet exemple est digne de blâme ; il est honteux de refuser le lieu du repos à celui qui a tout quitté pour le service des âmes, la consolation des malheureux, l'instruction du peuple et le soulagement des pauvres. Fausse égalité que celle qui demandait que le curé fût inhumé A LA rangée ! La dépouille d'un prêtre n'est pas une dépouille ordinaire. L'onction sainte, l'exercice du sacerdoce, le bienfait répandu, la main qui consacre et qui pardonne, la bouche qui annonce la parole sainte, la couronne qui orne sa tête, l'habit qu'il porte : tout fait de cet homme un être à part et sa place doit être maintenue là où nos pères la lui ont marquée.

Il n'y avait même pas l'ombre d'un prétexte qui autorisât, dans le cas présent, l'injurieux refus dont nous parlons. On ne réclamait pas un privilége gratuit, si tant est qu'il y ait privilége à fournir, au prêtre qui se dépouille pour ses paroissiens, le coin de terre qu'il a si bien gagné. Ce coin de terre, à le bien prendre, n'est presque toujours qu'une juste restitution. La somme d'argent toutefois était offerte, à la condition expresse que le pasteur reposerait auprès de la croix. L'ombre de la croix fut refusée, et il fallut se résigner à tout. Mais, disons-le tout haut, pendant la nuit qui précéda l'inhumation, il se commit un délit à la police du cimetière. Le frère, blessé au cœur, alla silencieusement couper les cheveux de son frère mort et il les plaça en lieu sûr à l'ombre de la croix. Le lendemain, on déposait à la rangée commune celui qui fut le saint et savant prêtre, le pasteur zélé dont nous avons seulement esquissé la vie. Et le même jour, un petit enfant de sept ans, après avoir égrené en pleurant son chapelet tout entier, disait à son père : Oh ! je voudrais bien aller au ciel avec parrain ! Le pauvre petit parlait juste : au ciel, Dieu n'avait pas répondu par un refus quand on lui demandait place pour ce bon prêtre !

Le soir, l'un des amis du défunt outragé, soulageait son indignation en écrivant au curé de Montebourg : Votre cher Ferdinand était un saint prêtre et un confrère que tous parmi nous savaient apprécier et que tous aimaient. C'est une perte douloureusement sentie de tous ses confrères qui l'estimaient comme l'un des prêtres les plus distingués de la contrée et l'entouraient d'affection, à cause de son bon cœur et de sa parfaite douceur. Aussi ne suis-je près de vous que l'écho de l'affliction de tous ses amis. » Puis il raconte en détail cette scène odieuse qui encourait déjà la réprobation de la paroisse. Le public le moins chrétien se trouvait offensé d'une si inconcevable mesure : on tournait en dérision la popularité malsaine qu'on avait recherchée : tout était blessé, le bon sens, la convenance et ce reste de pudeur publique à laquelle le monde le moins bon ne permet pas de forfaire.

« Mais, tenez, cher et vénéré Monsieur le Curé, continuait le témoin que nous citons, laissons ces bassesses et élevons-nous à une sphère meilleure. Indépendamment des magnifiques consolations que vous rappellent les vertus de votre bien-aimé frère, outre cet honneur sacerdotal partout et toujours si noblement porté, outre les promesses divines qui en sont aujourd'hui l'immortelle couronne, est-ce que tout ce qu'il y a de raisonnable, d'intelligent, de bon, par conséquent tout ce qui vaut notre estime, ne compatit pas à votre douleur, ne partage pas vos regrets ? Est-ce que la mémoire de votre frère ne restera pas honorée, bénie par tous ceux-là ? Qu'est-ce que le reste ? Une poignée de pervers guidant une poignée d'imbéciles, les uns et les autres ne valent que le mépris. »

Monseigneur l'Evêque, informé de ce qui s'était passé, jugea qu'il devait protester contre l'iniquité qui offensait à la fois une famille estimable et le corps sacerdotal tout entier. Hâtons-nous d'ajouter que la partie saine de la population, humiliée de cette conduite, ne se faisait pas faute de blâmer ceux qui en avaient encouru la responsabilité. Des lettres écrites au doyen de Montebourg font foi de la douleur et de l'indignation qu'on éprouvait à Muneville dans cette triste circonstance où les plus mauvaises passions avaient servi de guide.

On avait regretté généralement dans la paroisse que la malencontreuse inhumation A LA RANGÉE COMMUNE n'eût pas été retardée. Le sentiment public s'était fait jour et il aurait forcé les auteurs du complot à revenir sur leur décision injuste autant que maladroite. Laisser la dépouille humiliée à l'endroit désigné par ceux que nous ne voulons en aucune façon faire connaître, était leur donner gain de cause, puisqu'il n'y avait plus désormais apparence de les voir revenir d'un entêtement si déclaré. L'exhumation devenait nécessaire et elle était approuvée par l'autorité ecclésiastique. On écrivait officiellement au doyen de Montebourg : « Comme vous, Monsieur le Doyen, nous sommes affligés et indignés : comme vous, nous regrettons cette ingratitude pour une mémoire si vénérée. Mais je dois vous dire que l'opinion publique en a déjà fait justice et que le mérite de celui qu'ils se promettaient d'humilier n'en est devenu que plus manifeste et plus sympathique à tous. Nous approuvons fort le transfert à Dangy ; cette mesure fut dès le commencement ma première pensée : au moins là, le cher défunt trouvera des sentiments amis et respectueux. »

Ce qui se passa le mardi 3 novembre, au lendemain de la Commémoration des Morts, quand M. Auguste Gohin présenta le permis d'exhumer ; ces mots froidement prononcés en guise de réponse : « C'est bien, ENLEVEZ-LE et remettez la terre dans la fosse » me font l'effet d'une pointe d'acier qui pénètre à l'endroit le plus sensible. IL FUT ENLEVÉ de l'endroit humiliant où ils l'avaient jeté : l'assistance était à la hauteur de la protestation réparatrice ;

Mgr l'Evêque lui-même y était représenté par l'un de ses grands vicaires. Il y avait aussi bon nombre d'âmes pieuses qui pleuraient, disant : En quoi donc avons-nous mérité un semblable châtiment? Et l'un de ceux qui pleurait le plus amèrement était un enfant de Muneville, conseiller municipal, venu là pour protester contre l'outrage fait à la mémoire de celui qu'il aima comme son curé, et pour consoler de loin son ancien professeur qu'il chérissait comme un père.

Après la douloureuse cérémonie, le cortége s'achemina vers Dangy, lieu natal, tout rempli des angéliques souvenirs du prêtre méconnu. Là reposait un bon vieillard, l'abbé Lemasson, qui l'avait baptisé, qui lui avait fait faire sa première communion. Là reposait le vieux soldat qui avait dit à ses enfants : Je mourrai content quand l'un de vous aura dit sa première messe. Là reposait encore l'angélique enfant, mort à la fleur de l'âge, ce cher petit Pierre qui avait donné tant et de si belles espérances. Là enfin reposait sa mère que l'abbé Ferdinand entourait d'un culte filial. Dieu permit qu'il fût rendu à ses affections et qu'il dormît auprès de sa parenté si vénérable le grand sommeil des justes persécutés.

Le voyage fut un triomphe. De Montpinchon, tout rempli des souvenirs de son ancien pasteur, on écrivait à Montebourg : C'est dans cette paroisse où tout parle de vous, c'est au son triste et plaintif de vos magnifiques cloches, c'est en reposant mon regard sur une foule attendrie et respectueuse que je vous trace à la hâte ce billet : Je voudrais pouvoir glisser un mot consolateur. Oh! si la sympathie des cœurs aimants est un allégement à de si grandes douleurs, je puise en tout ce que j'ai vu ce matin un soutien et pour vous et pour moi. J'ai laissé à Muneville une population affligée et indignée ; des larmes bien amères ont accompagné le départ de celui qui vécut et mourut pour eux. La protestation a été énergique, l'honneur sacerdotal est vengé. Maintenant, à Montpinchon, ces Messieurs ont réuni les écoles et M. le Curé vient processionnellement rendre ce qu'il appelle un devoir à celui que nous pleurons. Je vous assure que je suis ému de ce que je vois : puisse au moins cette nouvelle vous consoler !

Le soir, l'inhumation se faisait à Dangy. Le défunt était déposé entre M. Lemasson qu'il vénérait comme un père et M. Lemazurier qu'il regardait comme un saint. Sur toute la route, à Cerisy comme à Montpinchon, depuis ce lieu qui n'a pas de place pour ses pasteurs jusqu'à Dangy qui l'attendait pour honorer sa dépouille, partout le clergé et les fidèles rivalisèrent de zèle, voulant témoigner hautement le regret que leur inspirait ce scandale public.

Le maire de Dangy, M. Le Conte, dont le nom mérite d'être cité en cet endroit de notre récit, fut le premier à honorer comme il convenait cette dépouille injustement persécutée. A la première nouvelle du transfert, il vint consoler la famille, accorda cordialement la place auprès de la croix et déclara hautement que c'était un honneur pour la paroisse de recueillir les restes de ce prêtre si estimé et si digne de l'être. En cela, le maire de Dangy se faisait l'interprète des sentiments de la population entière. M. Le Conte ne fut pas le seul qui rendît justice à la famille si douloureusement atteinte dans ses affections les plus chères.

Il avait d'abord été question de rendre au curé de Montebourg la dépouille de son frère, je dirais plus volontiers de son enfant de prédilection. A la première ouverture qui lui en fut faite, M. Lemor, maire de Montebourg, répondit avec un empressement qui l'honore : « Oh ! vraiment oui ; nous ferons tout pour faire plaisir à M. le Curé si durement éprouvé. » Mais les préparatifs étaient faits à Dangy et les deux frères ne reposent pas dans le même tombeau. « Car, disait alors le vénéré doyen, la famille d'un curé, c'est sa paroisse et le curé de Montebourg trouvera pour sa dépouille mortelle une place à l'ombre de la Croix ! » Deux ans après, cette parole se réalisait, plutôt qu'on ne l'eût pensé, la vieillesse n'étant pas venue. Le curé de Muneville, lui, était de retour dans sa famille, mais c'était l'exil ; car la paroisse n'est-elle pas la patrie ?

Passons sous silence les mesures administratives infligées à la paroisse qui se repentait d'une faute qu'elle n'avait point commise. Il suffit à la moralité publique que les ossements humiliés n'aient point été à jamais confondus. « Les insulteurs du caractère sacerdotal, écrivait un témoin indigné, les vils trembleurs qui ont obéi à leurs ordres ont reçu le châtiment qu'ils avaient mérité. Le saint et savant prêtre dont ils avaient humilié la mémoire resplendissait d'une gloire qu'il n'avait pas cherchée et qui survivra à leurs méprisantes façons d'agir. »

« Pour nous qui lui survivons, disait un ami d'enfance, à aucun prix nous ne voudrions échanger pour un autre le bonheur de l'avoir connu et de l'avoir eu pour ami. Le parfum de cette liaison prolongée est un bienfait qui nous console en nous faisant bénir sa mémoire : un tel souvenir aide à devenir meilleur. On supporte plus vaillamment les tristesses du temps présent par l'espérance de le revoir un jour au sein de Dieu. »

O cher confrère, vous me pardonnerez de vous avoir si longuement vengé et défendu. C'est moins votre personne que votre Sacerdoce qu'on attaquait, je le devais défendre au nom de cette onction sacrée qui nous honore devant Dieu et que les hommes n'ont pas le droit d'insulter : j'ai vengé votre dignité blessée sans ménager votre modestie comme vous l'auriez voulu. Vous n'étiez pas fait pour la lutte et vous avez souffert de toutes ces haines. Modeste dans votre vie qui fut une continuelle souffrance, éloigné de l'agitation et du bruit, appliqué aux études solitaires, vous méritiez un tombeau que le silence aurait rendu sacré. Dieu ne l'a pas permis. C'est vous qu'il a choisi pour faire comprendre à une génération dévoyée tout ce qu'il y a de haines sourdes contre les plus saintes choses : un autre que vous aurait eu quelque colère ou fourni un prétexte à ces scandales : vous étiez l'ange de la paix, l'innocent agneau exprès choisi pour victime. Reposez en paix, cher et bien-aimé confrère : maintenant le calme s'est fait pour toujours autour de votre tombeau. Vous nous laissez le parfum de votre franche vertu : puissions-nous, vivant et mourant comme vous, bientôt vous revoir dans la patrie, où les amateurs de cabale et de malsaine popularité ne pourront plus troubler notre repos ! Ce souhait fut celui de votre vénéré frère, il sera le nôtre et nous oublierons, comme on le doit, la sanglante injure dont vous avez souffert.

Cette lamentable histoire, ajoutée aux deuils multipliés qui le frappaient, causa un trouble profond dans l'existence du doyen de Montebourg. On essaya vainement de le consoler. L'un de ses anciens confrères de l'Abbaye-Blanche, « un ami, disait-il, dont l'amitié de 25 ans n'a pas eu un nuage, » lui écrivit dans ces tristes circonstances une lettre touchante qui doit trouver place ici. Car la mort les a réunis dans la tombe, ces deux amis d'enfance, et par une coïncidence remarquable, ils ont été frappés ensemble et inhumés presque le même jour. Amis dès la jeunesse, émules, jamais rivaux, associés par le zèle à la prospérité du Petit-

Séminaire de Mortain, leur attachement sans nuage fut toute la vie aussi fort, aussi constant que religieusement cultivé. Eprouvés l'un et l'autre dans leurs affections les plus chères, ils avaient puisé dans le malheur commun une sorte d'amitié sacerdotale et sacrée qui servit beaucoup à leur mutuelle consolation. Voici en quels termes M. Martinière, l'éminent curé de Saint-Lo, consolait son ami quand, dans l'espace de deux semaines, le doyen de Montebourg fut doublement frappé.

» Mon cher ami, la mort a donc frappé de deux
» côtés en même temps et, comme dans toute ta vie,
» l'épreuve, quand elle te vient, est toujours ter-
» rible; puisse le bon Dieu te donner une force égale
» au poids de cette double croix ! Ah ! du moins,
» auprès de ces deux tombeaux qui viennent de
» s'ouvrir, tu peux pleurer avec une pleine espé-
» rance et la mort qui viendra vite (nous commen-
» çons à descendre rapidement le chemin), te rendra
» certainement tes deux morts et avec eux ces
» autres bien-aimés, qui ont été l'objet de tant de
» larmes. Puisse le bon Dieu rendre bien vive cette
» douce espérance dans ces jours où nos morts vont
» nous apparaître l'un après l'autre avec tous les
» souvenirs qu'ils nous rappellent; revue triste et
» douce à la fois, plus triste pour moi que pour toi,
» frère bien-aimé, quoique tes blessures viennent
» de s'ouvrir et soient plus saignantes. Nous allons
» nous retrouver encore unis dans la douleur
» comme nous l'avons été toujours, unis aussi
» dans la prière. Puissions-nous plus tard nous
» trouver réunis à ceux que nous avons aimés, sans
» qu'aucun d'eux ne manque à l'appel.
» Je t'embrasse de tout cœur !
» E. Martinière. »

Une telle union honore autant celui qui la donne

que celui qui la reçoit : Ita et in morte non sunt separati !

Les œuvres de zèle couronnées à Montpinchon d'un succès admirable avaient valu à M. Édouard Gohin le doyenné-cure de Montebourg. Quand il y arriva, en septembre 1871, à peine était-on remis des désastres de la guerre. En prenant possession de sa nouvelle paroisse, il trouva une église restaurée par son vénéré prédécesseur et une population sympathique, ardente, industrieuse, pleine de foi et prête à seconder son zèle, s'il n'eût été déjà que trop souvent visité par la maladie. A Montebourg, plus qu'à Montpinchon peut-être, du moins sur un plus large théâtre, il eût pu, dans la vigueur de l'âge, déployer ses talents d'organisateur.

Montebourg en effet, quand on le connaît bien, offre des contrastes et des anomalies tellement bizarres qu'on s'explique sans peine la bonne réputation qu'il mérite et les calomnies dont il fut longtemps l'objet. L'indépendance forme le fond de ce caractère variable qu'il faut avoir étudié pour le bien saisir. Un missionnaire, rendant justice à l'esprit de foi qui modère ce ton dominant d'indépendance, disait du tempérament des habitants « qu'il tient à la fois du soufre et du volcan. » L'attachement à la religion caractérise autant cette population active et intelligente, que l'amour de l'industrie et du commerce lui assure une prospérité croissante en dépit des concurrences et des obstacles de diverse nature. Çà et là quelques ombres d'incrédulité, fruit bâtard d'un journalisme fanatisant, mais si peu ancien qu'il n'a pas encore atteint l'âge de raison, si peu intelligent qu'il n'est pas à craindre, accentuent la lumière et donnent plus de vigueur à l'ensemble du tableau.

Grâce à Dieu, parmi ce peuple empressé et travailleur, les saines traditions subsistent : les modernes apôtres ne se sont point encore substitués à l'Evangile. On y trouve fortement constituée la vie de famille et la paroisse entière, groupée autour d'une belle église, se distingue par l'unité de sentiment et de patriotisme.

L'éminent professeur de l'Abbaye-Blanche pouvait sans effort suffire à la tâche, si la santé eût répondu à son zèle. Usé prématurément par le travail, il aurait eu besoin d'un peu de repos, quand la fatigue devint plus grande que jamais. Une goutte opiniâtre se déclarait à des époques indéterminées et l'empêchait de faire tout le bien qu'il avait médité. Pourtant il n'est que juste de dire qu'il ne s'embarrassa jamais des ménagements de sa santé. Raisonnant froidement sur sa dernière maladie, il me disait qu'il avait joué avec la goutte, lui imposant ses heures et désireux même de s'en débarrasser tout à fait. Ce jeu funeste devait lui coûter la vie.

La moralisation de la classe pauvre a été l'objet le plus constant de sa sollicitude. Une somme considérable, recueillie chaque année par voie de souscription, une entente heureuse avec les administrations locales, la bonne volonté des habitants lui permit d'éteindre la mendicité. La paresse et l'intempérance ne lui ont jamais pardonné son œuvre d'assistance à domicile : il eut le tort de trouver mauvais qu'on détournât, au profit des cabarets, les sources vives et toujours abondantes de la charité publique. Il n'avait pas admis, il ne pouvait admettre qu'on inscrivît au code de nos modernes conquêtes le droit à l'ivrognerie, à l'immoralité. Ce fut son grand péché ; il en souffrit, mais continua son œuvre et rendit le bien pour le mal. Visités à domicile, secourus dans la maladie, aidés principalement dans l'œuvre capitale de l'éducation de leurs enfants, les pauvres véritablement dignes de compassion lui doivent une spéciale reconnaissance.

Sous son impulsion, il s'est formé un atelier chrétien pour les vêtir : la charité ingénieuse et vraiment utile des dames patronesses a su depuis plusieurs années le pourvoir abondamment. Cette œuvre fortement organisée et dans laquelle il voulait réunir toutes les forces vives de l'assistance chrétienne est pour lui un titre de gloire, dont il faut lui savoir gré, d'autant plus qu'il ne lui a pas été donné de l'étendre, de l'affermir et de la développer comme il le méditait, s'il fût resté plus longtemps à la tête de cette belle paroisse.

Comme doyen, il fut l'ami, le conseiller, le protecteur de tous ses prêtres. On admirait sa science dans les conférences, sa piété et son talent dans les entretiens spirituels, son dévouement et son concours dans les difficultés du saint ministère. Comme curé, il se dépensait sans réserve, prêchant sans jamais éprouver de fatigue et plusieurs fois chaque dimanche ; on peut affirmer qu'il est mort à la peine. Supérieur à la maladie, par un jeu fatal il voulut lui régler ses heures, se ménageant la nuit pour la souffrance et le jour pour le travail. Cette lutte inégale devait aboutir à un état d'épuisement qui donna longtemps avant sa mort les plus sérieuses inquiétudes. Lui seul ne s'apercevait pas ou ne voulait pas avouer qu'il dépérissait sur pied. Il a fallu, quelques jours avant sa mort, un ordre positif du médecin pour lui faire garder la chambre. Trois jours après, il recevait le saint viatique. La fièvre le dévorait, il était mortellement atteint. Son grand esprit de foi se manifesta quand il reçut Notre-Seigneur pour la dernière fois : il eut ensuite des paroles d'adieu fort touchantes. Un cri s'échappait plus ordinairement de son cœur et il le redisait sans fatigue : IN TE, DOMINE, SPERAVI, NON CONFUNDAR IN ÆTERNUM. « Une chose me console, disait-il à un ami dévoué, je crois pouvoir me rendre ce témoignage, que je me suis toujours proposé de faire ce que Notre-Seigneur aurait fait à ma place. »

A ses deux vicaires, qui lui étaient si attachés, il dit encore : « je vous confie cette bien-aimée paroisse ; dévouez-vous pour elle ! Que la paix règne à jamais dans notre cher Montebourg ! » Le samedi 16 septembre il rendait le dernier soupir, à l'âge de cinquante-cinq ans. Il y avait trente ans, neuf mois moins quelques jours, qu'il travaillait loyalement au ministère des âmes. Après le bon combat, le triomphe : après la souffrance, l'éternelle félicité. J'ai retrouvé une note intime extraite des œuvres de son frère bien-aimé et transcrite de sa main. C'est par là que je vais finir :

« Qu'est-ce après tout que la tombe pour le chrétien ? C'est un sillon où le corps est jeté comme une semence : la semence germera à l'heure que Dieu sait. Le Sauveur, type auguste et souverainement adorable de l'humanité, fut lui-même mis dans le sillon le soir du Vendredi Saint. Trois jours après, le sépulcre avait germé la vie. Le soleil naissant du jour de Pâques éclairait de ses rayons joyeux le miracle de la résurrection du Christ. Tous nous serons semés dans le sillon creusé par la mort. Pourquoi nous plaindre ? Nos tombeaux, comme le tombeau du Christ, germeront la vie ; le genre humain aura, lui aussi, son grand jour de Pâques. Je crois à la résurrection de la chair, j'attends la vie éternelle ! » Concluons.

Deux amis, deux frères se sont aidés un jour dans le mystérieux chemin de la vie : le dévouement de l'un a provoqué la reconnaissance de l'autre ; il serait impossible de dire lequel des deux l'emporta en affection, puisqu'ils étaient unis par tous les liens de la nature et de l'amitié la plus sainte. Ils ont voyagé ensemble, partageant le même pain, et les mêmes sollicitudes, et les mêmes tristesses et les mêmes joies ! Tout-à-coup la mort s'est présentée, ils ne l'attendaient pas de sitôt ; mais la mort n'est pas à nos ordres, elle vient quand il lui plaît, à l'heure que nous n'y pensons pas. En prenant l'un, elle atteint l'autre et les couche au tombeau. Qui les conservera dans notre souvenir ? La religion seule, vivante au cœur de leur parenté selon l'esprit et selon la chair, crée en nous l'immortalité des souvenirs. Voyez l'arbre : la feuille, la fleur, le fruit tiennent à un léger rameau, le rameau tient à une petite branche, la plus grosse branche au tronc de l'arbre. Toutes les saintes affections naissent de la religion, des fortes convictions qu'elle donne à l'esprit, des vives ardeurs qu'elle allume dans le cœur nouvellement épanoui à la chaleur de l'éducation chrétienne.

« Je crains le silence du tombeau, je souffre quand je pense à l'oubli des morts, » disait, il y a huit ans, l'éminent curé de Muneville. Vous n'avez pas à les craindre, chers morts auxquels nous payons aujourd'hui la dette de l'amitié. Vous vivez toujours dans vos familles de Dangy, de Muneville et de Montebourg. Et vous pouvez être assurés que si Dieu s'est souvenu de vos services, sur la terre on se souvient de vos vertus. La même foi et la même espérance, qui étaient en vous un principe de zèle, entretiennent en nous la certitude de vous revoir. La religion, puisée dans une famille chrétienne, anima et féconda en vous tout ce qui était beau, et saint, et divin — la piété filiale, la tendresse paternelle, l'amour des pauvres, le zèle du bien sous toutes ses formes : la même religion vous assure après la mort les tendres souvenirs de la piété filiale, les larmes amères et douces de nos sincères regrets, les prières de la foi et de l'espérance chrétiennes, plus précieuses que tous les souvenirs et toutes les larmes !

Résumons, avant de déposer la plume, l'enseignement de ces deux belles vies. Car il est bon d'en garder quelque impression salutaire et de mettre, s'il se peut, à profit de tels souvenirs. Le curé de Montebourg laisse une mémoire honorée par les trois dévouements qui ont rempli les trente belles années de son sacerdoce : le soin d'une famille nombreuse, l'éducation de la jeunesse, le ministère des âmes. Pour son jeune frère, sa vie sacerdotale, remplie de travail, d'étude, de publications remarquées par tous les hommes de goût, sa vie entière est un modèle que l'église de Coutances revendique à juste titre comme faisant désormais partie de son domaine et de son histoire. Dieu seul reconnaîtra dignement ce qu'il a dépensé de zèle et de charité à son service, soit pour l'enseignement et la défense de la religion, soit pour l'exaltation de la sainte Eglise et de son Chef suprême. Ces deux hommes, si fortement unis par le sacerdoce, ont trop peu vécu. Mais Dieu ne mesure point la vieillesse sur la longueur des jours : il mûrit au soleil de sa grâce les fruits qu'il cueille au printemps de l'âge ou avant que la vigueur de la santé ait fait place à la décrépitude. Leur sort à tous les deux est digne d'envie. Car en peu de temps ils ont fourni une longue carrière, et maintenant ils se reposent au sein de Dieu. Vivre comme eux, c'est se disposer, je ne dirai point à mourir, mais à vivre mieux et pour toujours dans la patrie !

Requiescant in pace.

www.ingramcontent.com/pod-product-compliance
Lightning Source LLC
LaVergne TN
LVHW020056090426
835510LV00040B/1706